媒体与设计学院
SCHOOL OF MEDIA & DESIGN

文 化 创 意 与 传 播 前 沿 丛 书

产品设计的专业图示手绘方法

张 帆 著

Sketching: Drawing Techniques for
Product Designers

U0295369

上海交通大学出版社
SHANGHAI JIAO TONG UNIVERSITY PRESS

内容提要

本书由三部分构成: 一是图示种类及基础绘制原理; 二是产品设计的专业手绘表达方式、能力、基准; 三是职业产品设计师手绘案例参照及训练项目。

本书读者对象为大专院校设计学科的学生、企业产品设计师、以专业设计学习为目标的自学读者, 以及以手绘图形为乐趣的业余爱好者。

图书在版编目(CIP)数据

产品设计的专业图示手绘方法 / 张帆著.
—上海: 上海交通大学出版社, 2016
ISBN 978-7-313-14335-8

Ⅰ.①产… Ⅱ.①张… Ⅲ.①产品设计–绘画技法
Ⅳ.①TB472

中国版本图书馆CIP数据核字(2015)第310179号

产品设计的专业图示手绘方法

··

著　者:	张　帆		译　者:	谭　冰
出版发行:	上海交通大学出版社		地　址:	上海市番禺路951号
邮政编码:	200030		电　话:	021-64071208
出 版 人:	韩建民			
印　刷:	常熟市文化印刷有限公司		经　销:	全国新华书店
开　本:	710mm×1000mm　1/16		印　张:	7.75
字　数:	75千字			
版　次:	2016年9月第1版		印　次:	2016年9月第1次印刷
书　号:	ISBN 978-7-313-14335-8/TB			
定　价:	32.00元			

版权所有　侵权必究
告 读 者: 如发现本书有印装质量问题请与印刷厂质量科联系
联系电话: 0512-52219025

丛书总序

"文化是民族的血脉，是人民的精神家园。"[1]中华民族绵延五千多年，已形成了博大精深的中华文化。中华文化已成为民族凝聚力的价值基础，人民创造力的智慧源泉，国家综合竞争力的软实力要素，经济社会发展的精神动力。随着中国阔步走向世界舞台，中华文化的地位将日渐重要！

诚然，文化的价值如此重要，但倘若缺乏诸如传媒、影视、设计等有形产品的载体，其断然难以发挥效应。由此可见，文化的大繁荣、大发展是离不开文化产品创新、创意的。然而，据国家统计局数据显示，2015年我国文化及相关产业增加值27 235亿元，占GDP的比重为3.97%[2]。而另据世界知识产权组织统计，2013年全球文化产业增加值占GDP的比重平均为5.26%，约3/4的经济体在4.0%～6.5%。其中，美国高达11.3%[3]。虽然上述两大统计口径和时间并不完全相同，但我们从中不难大致看出中国文化产业与美国等发达国家之间的差距。显然，中国文化产品的创新、创意能力较低，是制约我国综合竞争力提升的重要因素之一。

那么，如何破解我国文化产品创新、创意不足的难题？我们或许从如下案例中能得到一些启示。2004年美

---

① 中国共产党十七届六中全会.中共中央关于深化文化体制改革、推动社会主义文化大发展大繁荣若干重大问题的决定[OB/EB].http://news.xinhuanet.com/politics/2011-10/25/c_122197737.htm.
② 国家统计局.2015年我国文化及相关产业增加值比上年增长11%[OB/EB].http://money.163.com/16/0830/15/BVN0NT7G002580S6.html.
③ 国家统计局科研所.世界主要经济体文化产业发展状况及特点[OB/EB].http://www.stats.gov.cn/tjzs/tjsj/tjcb/dysj/201412/t20141209_649990.html.

国日报发行量 5 462.6 万份，2014 年美国日报发行量下降到 4 042 万份[①]，10 年下降了 26%；而于 2004 年上线的 Facebook，2014 年用户发展到 13.5 亿，为全球经济贡献 2 270 亿美元[②]。上述案例展示的冰火两重天的境况，深刻地揭示出未来文化产业发展的一个重要趋势。为顺应文化产业未来的发展趋势，我国政府不失时机地制定了"互联网+"行动计划，积极推动工业化与信息化融合战略，以及科技与文化融合战略。

所谓的"互联网+"，是在移动互联网与大数据、智能化、云计算的基础上，互联网与其他产业的融合发展。目前国内文化、传媒与创意业已在此领域进行了许多探索，譬如中央电视台推出的"央视新闻"，以及为数众多的"双创"基地。与此相应，国际巨头也不甘示弱，掀起了新一轮文化市场竞争，譬如英国广播公司（British Broadcasting Corporation，BBC）通过打破传统媒体界限，按照内容重组为"新闻""视频""音频与音乐"三类，通过跨平台全媒体播出系统，满足广播、电视、网络、智能手机、互动电视等多个终端受众需求。显然，全球传媒、文化与创意产业将经历一场前所未有的转型变革！

实践是理论的源泉，理论是实践的先导。"互联网+"时代的传媒、文化与创意产业融合创新实践，既为理论研究注入了新的活力，又为理论研究提出了新的要求。"互联网+"时代的传媒、文化与创意产业发展，其本质上是一种跨界融合创新发展。倘若按照传统的单一学科研究的老路来研究，或许对此难以奏效。为此，跨学科、交叉学科研究将是攻克此难题的一条出路。有鉴于此，

---

① NNA.DailyCirculation[OB/EB].http://www.naa.org/Trends-and-Numbers/Circulation-Volume/Newspaper-Circulation-Volume.aspx.
② 露天.Facebook2014年为全球经济贡献超2千亿美元[OB/BO].http://www.techweb.com.cn/world/2015-01-20/2117652.shtml.

我们组织新闻传播、影视编导、视觉传达、文化产业管理以及工业设计专业的学者，从不同学科视野，对文化产业创新创意问题进行了探索性研究。

上海交通大学媒体与设计学院成立于2002年。建院之初，中央电视台原台长、我院首任院长杨伟光先生就带领大家制定了"文理相互渗透，学术、技术与艺术融合，数字化、国际化、产学研一体化"的办学思路。继任院长张国良教授进一步提出了"文以载道，传播天下，影像为媒，设计未来"的办学理念。在两位老院长办学理念的指导下，经过全院师生不懈努力，在国际QS学科排名中，2012年传播与媒体学科跻身世界100强，2015年艺术与设计学科跻身世界第28位。为了总结我们在跨学科、交叉学科建设中的经验，特将我院各学科部分阶段性成果撷要结集出版，以飨读者。

鉴于我们的能力所限，加之出版时间仓促，书中疏漏、谬误在所难免，敬请诸位同人不吝赐教！

上海交通大学媒体与设计学院院长、教授
上海市社科创新基地——上海市文化创意产业发展
战略研究基地主任、首席专家

李本乾

前　言

产品创意设计和为体现创意的手绘能力培养，近年来成为设计教育及职业设计师追捧的热点。作为设计师必要的手绘能力，始终是职业的基本能力之一。

国内的设计教育，多半以上将设计师的手绘能力培养交给具有绘画能力的教师担任，其教育结果是出现许多问题。产品设计的手绘能力，建立在产品设计所要达到目的的要求之上，也就是为设计的目的而表达。手绘能力是设计能力载体的一部分，手绘效果图是将概念转化为视觉化的过程，其结果又对概念化设计过程具有确认和修改的作用。设计不全是在头脑抽象的思维状态下完成的。另外，设计的视觉化过程不是画图，它是将设计过程的诸多知识集中在视图上体现出来，这些诸多专业知识才是设计表现的内容。因此，不仅体现在对形象的感受性知识上，也需要拥有机械制图、画法几何、透视学原理等理性知识的支撑。

为达到专业性手绘的能力，须具有图形知识和手绘能力知识的系统性，还有作为专业认知手绘表达的精度训练，以及最后作为专业手绘能力达到的基准测试，并以作为职业产品设计需具备的能力为基准进行评级和专题训练。

本书由三部分构成：一是图示种类及基础绘制原理等；二是产品设计的专业手绘表达方式、能力、基准；三是职业产品设计师手绘案例参照及训练项目。

第二章至第三章，是为了给初学者提供手绘立体图形的基本方法，以及表现图形所需要的透视学原理。这些知识是手绘能力培养初期一定会涉及的内容，也是最终手绘能力常常出现问题的关键所在。

第四章是产品造型设计形态中必定涉及的几个基本形体。对这几个形体的理解到表现，是掌握手绘技能的重要条件。

第五章是根据设计师的实际项目设计过程，必然涉及的几个基本图示及要求。这些图示是为了与工程师以及制作者沟通提供的必要图纸参考，也是为使用者提供组装和维护的参考样本。

第六章是在产品设计时，常遇到的各种材质以及各种造型混在一起的手绘表达能力和技巧，也包括提供职业设计师手绘专家的设计案例做基准性能力参考。

本书是作者多年从事设计表达课程实践的成果，限于水平，书中存在的不足，敬请同仁们批评指正。

张 帆

2016 年 2 月

目　录

第一章

形体绘制的工具及材料

第一节　笔类选择

产品素描草图手绘用笔的种类很多，根据要表现的对象和目的的不同，以及采用方法的不同，因此选用的笔类也不同。

一、圆珠笔

表现概念草图时，一般适合的是德国施德楼（staedtler）黑色圆珠笔。该品牌圆珠笔的特点是，绘图出水稳定和流畅，不会堆积一大块油墨掉落在纸上，影响图面质量和心情。线条纤细可表现各种细节，不用削铅笔，却富有像铅笔那样能呈现笔触轻重的素描效果。另外，绘制概念草图的场合，表现的是自己头脑中想象的内容和形象，重要的是应产生多种多样的方案创意构想。所以，创意手绘是在一边想、一边画的状态，才呈现出各种各样的草图形象。在这种状态下，所画的草图形象的准确性并不重要，即使出现多余、无用和混乱的线条也无需用橡皮擦掉，可以作为思考过程的痕迹留存在草图上。圆珠笔既方便又可长时间使用，常被中外职业设计师所选用。但是，对于初学者来讲可能有些不便，长时间使用就会形成习惯。

二、马克笔

用手绘表现概念的产品色彩和光影时，马克笔是个不错的选择。在产品设计手绘效果图的多种技法中，相对来说比较方便和易上手的就是马克笔技法。该技法不需要用太多彩色，主要以灰色为主，再选用一种到两种彩色就可以达到目的。这是比较便捷的产品手绘效果图的表现方式，除能表达出产品整体造型外，还能表达产品的材质，几乎所有的状态都可以表现。

图 1-1　手绘草图常用的圆珠笔品牌

日本产酒精性马克笔 COPIC，是马克笔中最贵的一种，墨水色彩比较好，可以多次加入墨水使用，笔头也可以更换。因为它的优越性受到国内业界人士喜爱。第一代的马克笔，方形笔杆，双头，一头圆尖，一头斜扁。共214色，多用于工业设计和产品设计等。美国三福马克笔（Prismacolor Marker）也叫霹雳马。三福马克笔是性价比很好的一种马克笔，多功能笔头是三福马克笔最大的特点，一共出品两代。其特点是：笔头功能更多，更适合画多重产品造型曲面光影，色彩艳丽，墨水充足。AD Marker是美国品牌，这种笔的特点就是单头，大部分是按套装买，也可以零售。该品牌的墨水比其他品牌墨水都多，而且用的时候比较均匀，所以在美国很多学生和设计师选择AD马克笔来绘图，ACCD（艺术中心设计学院）的同学也有很多用这个品牌的马克笔。

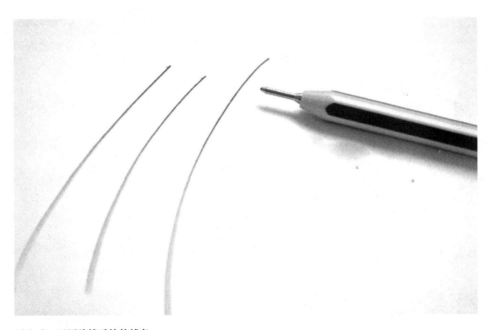

图 1-2　用圆珠笔手绘的线条

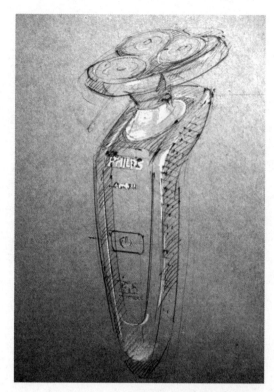

图1-3 用圆珠笔手绘的草图

图1-4 各种类型的马克笔

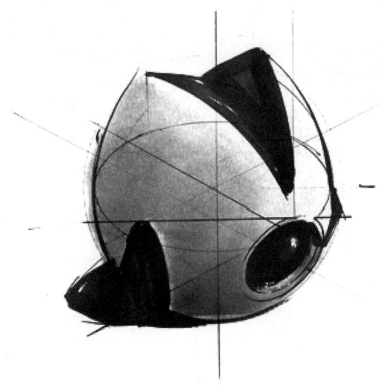

图1-5　马克笔手绘效果图

（图片来自：中国设计手绘技能网）

图1-6　日本宽头 COPIC 马克笔和补充液

图 1-7　用日本宽头 COPIC 马克笔的手绘图

三、色粉笔

常用于表现产品的双曲面造型和色彩，而且涂色表面非常细腻，色调过渡微妙柔和是色粉笔材料的优势。色粉画（粉画、粉笔画）：用特制的干颜料笔，呈现棒状，可直接在纸板上绘画。从材料来看，它不需借助油、水等媒介来调色，调色时只需色粉之间互相调和即可得到理想的色彩。色粉以矿物质色料为主要原料，所以色彩稳定性好，明亮饱和，经久不褪色。由于色粉颜料性质较为松软，勾轮廓稿时最好用线条。色粉颜料特点是干粉状且不透明，较浅的颜色可以直接覆盖在较深的颜色上，可造成一种直观的色彩对比效果，甚至纸张本身的颜色也可以同画面上色彩融为一体。这种干性材料，像其他描绘

图 1-8　色粉笔

素描的工具一样，要依据纸张的质地而定。一张有纹理
的纸张，色粉笔覆盖了其纹理凸凹处，呈现特有的视觉
质感和肌理效果，同时也需要定画液与其配合使用。因
此，纸张的纹理决定绘画效果与目的的适合性。在表现
曲面柔和过渡的场合，特别是像表现汽车车身双曲面的
时候最为适用。此时在用纸方面，最好使用纸面平整光滑，
具有一定重量的纸板为佳，以便颜料可以更好地附着在
纸的表面上。选择纸张的颜色对用色粉材料达到最终效
果非常重要。

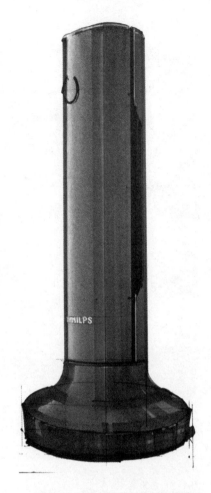

图 1-9　用色粉笔材料绘制的效果图

四、彩色铅笔

彩色铅笔是一种非常容易掌握的涂色工具，画出来的效果与色粉笔的效果类似，只是比用色粉笔棒画得更为精细。彩色铅笔颜色多种多样，因制作笔芯的材料中含有较多的胶质，画出来的效果较为清淡，但不像铅笔那样描绘非常精细的部分。所以，在产品设计手绘表现的场合，彩色铅笔多用于描绘最后的细节和光线的表达，另因彩色铅笔不易被橡皮擦掉。所谓"画龙点睛"之笔就是多采用彩色铅笔工具，但使用时要慎用。在绘制其他绘画作品时，它具有独特的童真梦幻般的笔触效果，朴素而真实，常是儿童画喜爱的绘画用具。德国 STAEDTLER 施德楼、MARCO 马克雷诺阿、德国辉柏嘉等彩色铅等是经过专业训练被挑选出来的。另外，新开发的彩色铅笔，具有高吸附显色性和高级微粒颜料的水溶性功能。其透明度和色彩度都达到一定水平，在各类型纸张上使用时都能均匀着色，可流畅地描绘，笔芯不易从芯槽中脱落。

图 1-10　用彩色铅笔手绘各种线条的效果图

图 1-11　彩色铅笔

图 1-12　用彩色铅笔手绘效果图

图 1-13　用彩色铅笔手绘效果图

五、尼龙纤维绘图针笔

它是用极细的尼龙纤维材料做成的笔芯，能绘制出均匀一致的线条，是绘制图纸等专用线条工具之一。尼龙笔尖，笔身呈现圆管状，弹性强，耐摩擦，对颜料的吸收力较差，有各种粗细直径笔芯，适合于各种线条的造型表现。

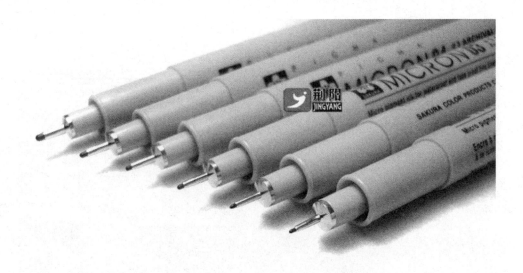

图 1-14　樱花尼龙笔尖绘图专用笔

图 1-15　三菱 PIN 系列尼龙笔尖绘图专用笔

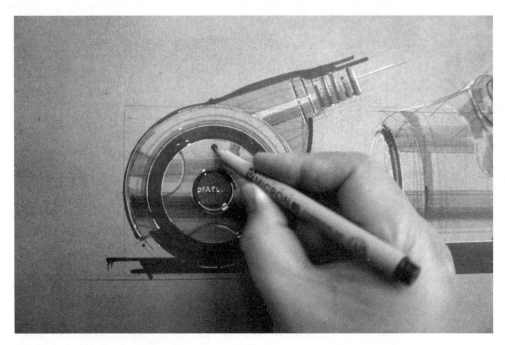

图 1-16　用樱花尼龙笔尖绘图专用笔的手绘作品

六、白色高光笔

产品手绘形体的表现方法中，最不能缺少的工具之一，就是白色"高光笔"。今天制笔业的发达，带来手绘表现的丰富性和便利性的效果。记得笔者当初在受训于清水吉治先生时有句话，画图时，为达到想要的效果，要各种工具"不择手段"地组合起来。有些手绘图形表现作品，看起来视觉效果十分丰富，其中重要的因素是，受光部分的表现富有层次感。所谓"层次感"是将受光的高光部分，分为强高光、次高光、微高光和散高光等层次。高光笔是描绘强高光的工具之一。必要时白色修正液也可以替代。白色的彩色铅笔可作为次高光，白色的色粉笔适合于表现微高光、散高光等部分。

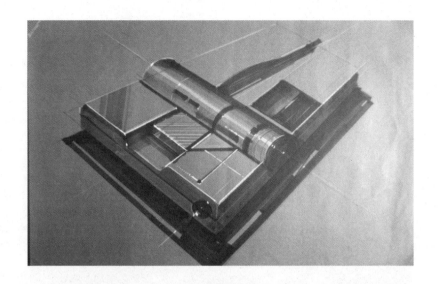

图 1-17　白色高光绘图专用笔

第二节　纸类

作为专业设计表达的图示，应在纸张的选择中体现专业性的特点。纸张的吸水程度和表面的肌理的质感决定表现结果的品质。纸张的选择与被描绘的对象和预先要达到的效果，以及所采用的表现方法有关。高光法应选择中性明度、低纯度的彩色纸。色彩的选择应与要表现对象的倾向色有关，用色也随着色纸的变化而不同。表现细腻的双曲面过渡的场合，色粉用纸最好选择纸面细腻而平滑的纸板。使用马克笔表现时，尽可能选用克数较重的纸张。

无论怎样，首先纸张表面应该是纸张应有的材质，而不应附着任何材质和化学涂层。初学者在大量练习时，采用 80 克以上的复印纸即可，各种灰色且中性明度的彩色纸，也是产品手绘表达的理想用纸，如原色木浆牛皮纸板。纸张的选择是与最后效果有关，事先做到心中有数是达到理想效果的关键。

图 1-18　普通牛皮纸板

第三节　尺板

产品图示手绘表达时，各种直尺、曲线尺、椭圆尺等是必要的工具。特别是椭圆尺绝对是必备的工具，尽可能准备完整和较大的椭圆尺。曲线尺也应选择弧线缓急程度不同的，其应用范围就会很大。所有规尺模板，尽可能选择尺度大一些型号为好，尺寸过小的尺子，会限制描绘较大的对象，而长期描绘较小的对象，会隐藏很多造型能力不足的缺陷，误认为已具备良好的手绘能力。同样尺度的描绘对象，小尺寸场合，看起来很好。一旦尺度放大，就会发现很多细节和整体的把握能力还远远不够，就是这个道理。这是我们手绘训练每个人都经历过的阶段。

在手绘表现各种图形时，很多情况是徒手难以描绘的形态，现有工具也难以满足需要。在此场合，要尽可能借助规尺模板的工具来表达，可在一定程度上弥补手绘线条达不到的精度。手绘草图在最初阶段，最好不要完全依赖用规尺模板来表现，其负面因素是影响徒手绘制的能力，校正描绘透视不准确形态训练时除外。不是完全意义上的不采用其他工具来完成，只是训练的阶段不同，采用的手绘工具也不是完全绝对的。

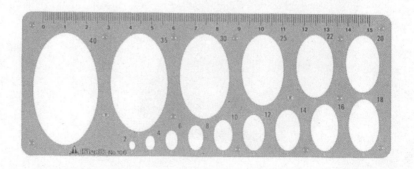

图 1-19 普通用椭圆尺和各种云形尺

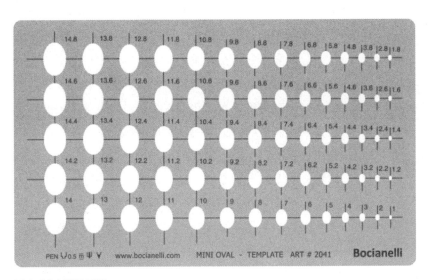

图 1-20 椭圆尺板

第二章

绘制立体图形基本方法

第一节　构图技巧

对于初学者来讲，在了解前一章绘图材料和用具后，接下来就是面对一张白纸如何下手的问题了。构图，是要解决手绘能力训练的最初问题。所谓"构图"就是在限定的范围内，将被描绘的对象布置在该范围内适合的位置。很多初学者在此阶段，不是把对象在限定的范围内画得很大或是很小，就是难以布置在中心范围内，特别是多个对象难以全部布置在相同的位置范围内。产品设计手绘表达时，主要的是要把创意构想图形安排在特定纸张范围内。根据表现内容的重要程度，安排适合的位置，并无统一的模式和标准。单一图形可设置在中心部位。单个产品多个角度来表达，可预先在限定的纸张上，以简单的线条标注大小、左右、基本外形的剪影。在这种模拟练习的场合，产品图形本身的大小比例，与其他图形的大小比例关系要一致，图形与图形间的距离也要一致。所谓"比例关系"就指这些内容。因为是用简单线条表达，即使比例关系不准确，也可以随时更改。切不可在全体构图关系还未确定时，就急于对某个感兴趣的形态开始深入画下去，结果当发现某个形体尺度比

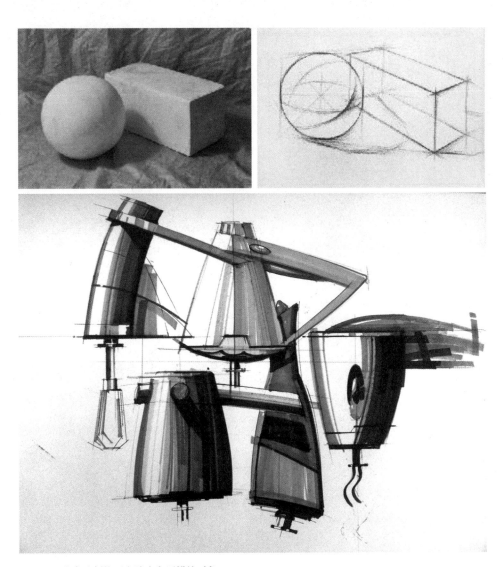

图 2-1　十字分割构图方法来布置描绘对象

例过大，而其他形体缺少表现空间时，已为时过晚。形
成这样的问题是，只考虑某个单一形体，而且急于求成，
一气呵成，忽视其他相关形体的存在。切记，作为绘图
规则是先"由整体到局部"，然后是"由局部返回到整体"
的绘图过程。多个形体并存时，要同时地、整体地一起推进描绘为第一遍，之后又返回由整体到局部一起推进为第二遍，以此类推地进行下去。另外，可在画面上分成上下或左右结构，被画对象较多时，可用十字线分割纸面，便于在四个区域内布置被画对象的整体把握。

第二节　线条表现

用线表现对象的方法，是所有手绘造型的基础。线条有各种各样的性格，曲线、直线、折线，有粗线、细线、实线、虚线，统称"线条"。与用尺画的一根笔直线条相比，徒手画的一根线条更有人的生命气息，不可复制和独一无二的手绘图形，包含着抑扬顿挫的人的情感特征。初学者造型练习时，常出现的问题是用断断续续的线条，描绘产品的边线。这种平面化的造型思考及以短线加长来描绘对象，是所有初学者的常见现象。这两个问题一个是没有经过造型训练，一个是对待造型的二维化认识。像所有的受过手绘造型训练者一样，采用线条造型要尽可能用一根长线来完成。横线、竖线、曲线等，杜绝用断断续续的短线相接来表现。采用短线表现造型的结果，是永远达不到描绘空间立体感要求的能力，也不是受到专业教育所为。因此，推荐初学者手绘线条表现应像图2-4那样。具有运用自如的一定素描表现基础后，图2-5那样或是你自己习惯某种线条方法均没有一定标准，不要刻意，自然而然形成某种画法为好。

除此之外，产品手绘草图时，线条运用是以素描法则为基础，即"近实远虚、近大远小、近高远低"等。实与虚，体现在线条上，就是近处锐利、清楚与远处混沌、模糊的关系。很多初学者，画线条时，粗细深浅都一致，就很少有产品处于近实远虚的空间效果。或者随意在远处，或是转折处加重笔痕，导致素描远近关系的丧失，描绘的产品缺少立体感和空间存在感。要达到这两种表现能力，一方面需要多训练，另一方面在头脑里要有形体的透视和素描规则，加上整体的控制能力方可得到。

图 2-2　手绘产品设计练习时常出现的线条种类

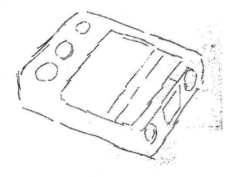

LINE IN

Headphone

图 2-3　初学者手绘产品设计练习时常出现的线条

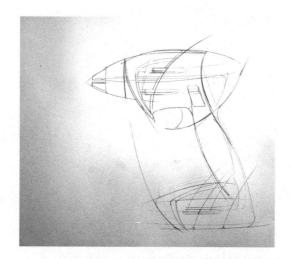

图 2-4　职业设计师手绘造型表现的线条

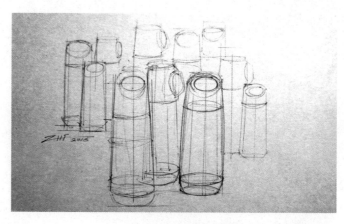

图 2-5　职业设计师手绘造型表现的线条

第三节　比例关系

被画对象的比例关系失真是经常发生问题的地方。图 2-6 是位小朋友的绘画作品。很明显画像中的人物头部与身体的比例失真。儿童画的比例失真是可爱和天真的语言表达。然而，对于产品设计的图示失真表达，是手绘缺乏造型描绘能力的体现。这种缺乏正确比例关系的表达，主要出现在两方面。

图 2-6　儿童手绘人物表达作品

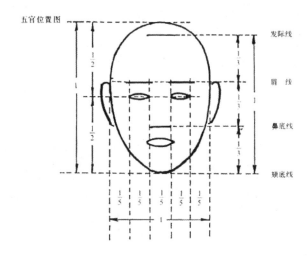

图 2-7　三庭五眼的头部比例

一、自身形态的比例失真

图 2-8、图 2-9 与图 2-10 相比，图 2-8 的形体比例长了，图 2-9 的形体比例短了。这种通过视觉判断形体的比例，在精度上如此精准的方法是什么？答案在于素描的由"整体到局部，再由局部到整体"规则。如果

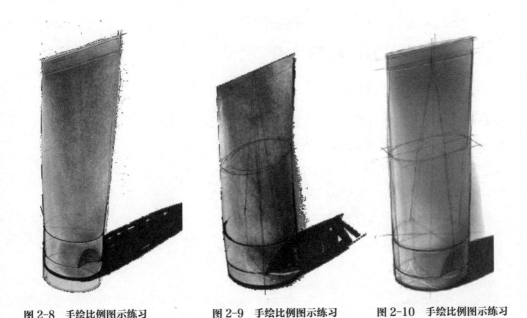

图 2-8　手绘比例图示练习　　　　图 2-9　手绘比例图示练习　　　图 2-10　手绘比例图示练习

你只看某个局部的比例，返回整体的比例一定不够准确。有效的控制整体的方法是，将被画对象的长短高矮作为整体的尺寸，先一分为二，也就是将整体分为二分之一，再将余下的部分分成两份，就变成四分之一，以此类推，这就是"有整体到局部"的过程。这样做法的好处是，人的视觉对较大面积的尺度间判断相对较难。相反，对面积较小的尺度间判断相对容易些。人物肖像绘画比例法则中，对头部各器官的比例有"三庭五眼"之说。因为画脸部的比例尤为重要，要正确表达五官所在部位，需借用规则性的尺度。三庭，即发际到眉线为上庭，眉线到鼻子底部为中庭，鼻子底部到下颌为下庭，将人脸纵向分三份。横向分"五眼"，即人脸宽度分为五个眼睛的尺度比例，以此来确定人的五官位置。根据对这样法则的理解，将纵向的头部尺寸分为相等的三大部分，相互比较较为容易。而三分之一的每一部分范围内的细节比较也变得很容易。

以图示对象为基础，用视觉将其分成接近相等的各部分，作为尺度比较的基准，是正确解决视觉形体比例关系的有效方法。图 2-12 中的 1、2、3、4、5 是提示最初形体手绘的步骤，就是根据上述内容的实际练习。按照描绘练习顺序，首先在纸的面积上做出适当的构图，之后画出"1"的一条中心线，它的意义既是迅速抓住形体倾斜的动势，又是将图形整体从横向上一分为二，接着描绘"2、3、4、5"的线条。1～5 是描绘形体的基本方法，在此基础上，从整体的纵向上再一分为二，即"5、1、4"，横向分割，为形体全体及局部比例提供必要的参考，纵向分割也具有同样的意义。也就是，因为"2、1、3"的比例关系，才决定出绿色符号 3、4 的比例尺度，在"1、4"之间，才决定 2 的镂空位置等。 同时，也发现出 5 的比例有误。创意形体描绘的精度与比例关系有关。

图 2-11　手绘练习产品

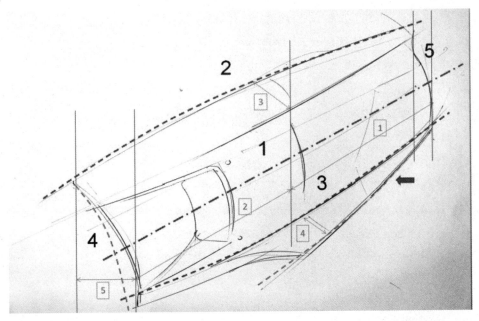

图 2-12　手绘产品比例图示练习

二、自身形体与其他形体的比例关系失真

在专业手绘图示表现创意中，特别是在创意想象中，不断地将头脑想象的形象用手绘的方式表达出来，被表示的形体多是以一个功能为主，衍生多个形象，如创意出一个新功能手机产品，用多个造型表示。为了相对方便，多半是描绘在一张纸面上。除此之外，在众多创意草图中，如果确定某一创意方案，就会对此方案做出多角度图示表示。在不同角度和透视影响下，同一产品设计却呈现不同的视觉感受，但各个图示之间的比例要显示一致的感受。

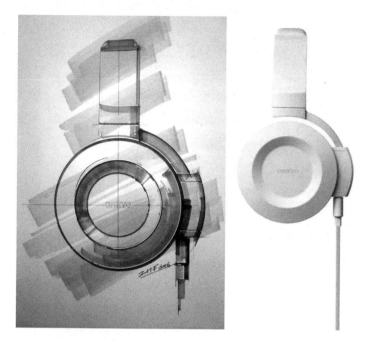

图 2-13　手绘产品比例图示练习

图 2-14　手绘产品比例图示练习

第四节　产品造型的明暗与光影

人的视觉是受到可见光的影响才能看到物体。物体的形态加上光线的影响，显现出极强的立体效果。可见物体的表面分为"受光面、顺光面、背光面"，也因此决定视觉中的物体是否有立体感。物体的明部，也就是受光面，一般用白纸的部分表示。被光面，因光线无法照射到就自然呈现出物体的暗面。在接近受光面的部分多呈现物体原来的色彩，故所有固有色都体现在这个位置。接近暗部边缘呈现周围的反光色。一般情况来讲，所有的暗面，无论环境对它有多大影响，其亮度不能超过受光面的暗部的亮度。介于两者之间的顺光面，则是物体明与暗的交接处，它既反映光色，也反映物体固有色。顺光面的位置，是正确反映物体形态和转折的关键地方，也决定物体是否有立体感。

产品创意表达，大多数从表现产品的侧面（平面）开始。原因是侧面能够最大限度地表达对象的全部和精度。主观地决定从侧面来光，便于初学者区分形体的明暗关系，以及光影的正确位置。物体的投影，由物体的形状来决定。有什么样物体，处于何种角度的光线，其投影就应该是上述两方面的结合。对于初学者来讲，为了表达主观创意的形象，光线从哪个方向投射是不受约束的。因此，一般较为便利的描绘，是从左边来光，投影一律在物体的右侧。主观决定物体的受光与背光所占面积大小，因具体情况而定，并无统一规定。一般来讲受光面积所占面积较小为好，过大的物体受光面积，看起来好像没有表现完，还有很多余地的感受。留存大面积白色，也不符合物体的光照原理。如果表现物体于背后距离的空间感，可将投影稍微下拉，以示光源在左上方的位置。这种光线接近自然光的感受，描绘出来的图形，看上去也较自然和真实。有关形体与光影的关系，请参照图2-15。
这样做法的益处是，做手绘练习时，常借助产品摄影图片
来表示，因产品摄影目的不同，反映在产品上的光线不
是一个光源，这为初学者对形体的判断和表现带来挑战。
主观确认投射光线的方向，有助于形成判断和表现的一
致性习惯，达到熟能生巧的手绘能力。

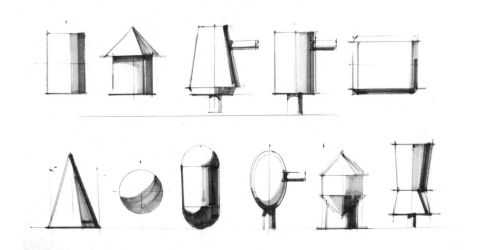

图 2-15　几何形体与光影关系图

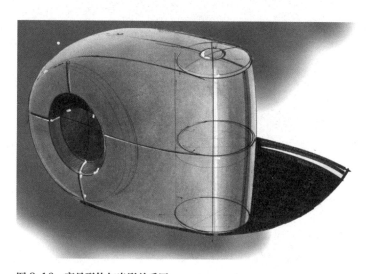

图 2-16　产品形体与光影关系图

第五节　描绘

　　在此所说的"描绘"是指产品设计创意手绘表达时，应从何处入手，描绘图形时常遇到的问题怎样处理等。作者在设计学科工业设计专业任教师工作，常常听到教师对于学生在做设计时手绘表达能力的评价，也常听到本科学生入学后面对创意设计手绘表达时，束手无策，不知从何入手，也不知怎样描绘，与艺术学院招收的学生完全不同的是，作为理工科大学的设计系学生，入学前几乎没有任何绘画基础和能力。多年执教发现初学者的一些规律性的问题和解决方法，在此分享给大家，以求提高手绘能力带来一生修养上的乐趣。

图 2-17　产品手绘表现

一、描绘边线的平面化意识

对于初学者来讲，作为最初的手绘表达训练，要求是正确构图，运用素描规则和线条，描绘对象的体积感。图 2-18 就是课堂手绘练习的作品。这具有典型性的问题特征是观察方法不当和无体积感意识。所谓正确的"观察方法"，是看对象形体是由怎样的体积形态构成的，形体决定形态。缺乏正确的观察方法，是对观察对象没有明确的目的，因而，在描绘对象时，只能从形体的某个边线开始。平面意识决定平面化的边线画法。几乎所有未经专业训练的人都是这样的表现方法。除此之外，也有复杂的光线会干扰对体积形态的理解。

因此，为了正确描绘对象，所看到的形体，在最初阶段，应主观地过滤掉某些附属形态，强调主要形体，以达到概括性的阶段表现目的。随着描绘对象的深入，建立在概括的基础形体之上，开始逐渐接近对象本身。这样的观察和表现的统一是获得能力的有效方法。图 2-18 的作品归结为两部分问题。一是不懂观察对象的方法。作为解决方案之一，正确的观察方法，是根据素描规则，即"整体与局部"的关系，来把握对象所提供的形体。如图 2-19 可把一个整体划分为三个自然有机的部分（也可以分为 1、2 的两个部分），便于比例和细节形态的准确描绘。每一个部分形体的大的立体关系，即受光面、顺光面和被光面（以后称之三个面）是怎样状况？确定光线的角度？每一部分突出与凹陷的形体与整体关系？三个部分成为一个整体的形体关系等是观察方法的主要内容。简单的观察内容模型：对象给你整体感受—复杂形体的简约划分—确定光源方向—把控局部凸起和凹陷与整体形象的关系。二是不懂正确表现方法。在正确观察方法的基础上，再分为三个阶段来表现。第一阶段，根据形象，大体分为3 个自然有机形态，并简要描绘形体之间关系。第二阶段，分别描绘每个形态的细节。第三阶段，整体的立体关系的把控和调整。在此，所谓"立体关系"是指对象客观给予状态的主观理解。图2-19整体上给人以半球体的感受。如果有了这样的主客观感受，就明确了描绘对象的最突出的部位是在靠近左边的半球体中心区域。根据素描"近实远虚"的规则，主体部分要实画，四周部分虚画。

图2-18　初学者手绘草图作品

图2-19　来至SKTCHING产品设计

解决"近实远虚"的方法是，主体部分的细画，再用"反衬托"的手法，即弱化其他，反而突出了主体。还有就是借助"黑和白"之间相互衬托，也属于反衬托的手法。黑白的反衬托，其意识是对象呈现白色的场合，只能细画不能黑画，但形体周围空间画黑色，反托出白色的对象主体。黑色，并不是真正意义上的涂黑，是指深浅的意思，是用深色把浅色反衬托出来，或者把产品形体的边线画深。

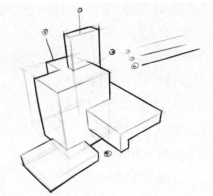

图 2-20　各形体之间的穿插关系　　　　　　　图 2-21　各形体之间的连接关系

二、马克笔是作为涂色的工具吗？

初学者最初手拿马克笔时，不知如何下笔。而且，常常把硬笔的马克笔当作毛笔来使用，或是作为覆盖工具，即用马克笔涂画空白之处，涂画的过程，也就是"上色"的过程。被覆盖的白纸上不留一点缝隙和"飞白"。即使画单一线条，也像"乱草"一样，用笔有起点，而无终点，看上去好像是一直处于未完成的作品。由于马克笔属于硬笔种类，用力轻重和手持稳定性都决定笔痕的状态，对于初学者确实会有些感到不便。

马克笔（英语：Marker pen 或 marker），又名记号笔，是一种书写或绘画专用的绘图彩色笔，本身含有彩色墨水，且通常附有笔盖，一般拥有坚硬笔头。马克笔的颜料具有易挥发性，用于一次性的快速绘图。常使用于设计物品、广告标语，海报绘制或其他美术创作等场合。可画出变化不大、较粗的线条。现在的马克笔还有分为水性和油性的墨水，水性的墨水就类似彩色笔，是不含油精成分的内容物，油性的墨水因为含有油精成分，较容易挥发。

初学者绘制这种表现图时，不妨参考以下几点方法：

（1）在认识上理解马克笔不是涂色工具，而是塑造工具。也就是说，马克笔也是一支笔，它可塑造面积较大的形态，也可塑造较小的局部，而且在塑造形体时，色彩也被随之附带出来。切不可作为涂色工具来应用。

（2）马克笔的墨水拥有不可覆盖的特性，所以，应用时相对灵活运用"由浅入深"的原则。根据素描的要求，首先由暗部再到明部的塑造方法，分阶段分步骤进行。也有从所占面积最大范围的色彩入手，再画较小的局部面积，以此控制画面的整体效果。

（3）在运笔过程中，不宜反复重复涂色。根据目的要求，灵活应用涂色干透后，再进行第二遍上色，或者待涂色未干时马上涂第二遍，以求笔触相容的效果。理解马克笔独有的特性效果，加以善用，并与绘图时手感的掌握有机融合，方可获得理想的效果。

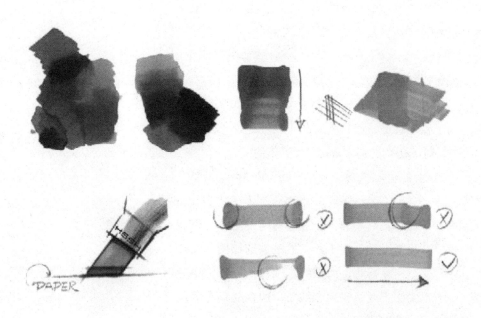

图 2-22　马克笔的特殊表达方法

图 2-23　马克笔的手绘平面表达方法

（4）用马克笔表现时，笔触大多以排线为主，所以有规律地组织线条的方向和疏密，有利于形成统一的画面风格。可运用排笔、点笔、跳笔、晕化、留白等方法，需要灵活使用。涂色中的"留白"和"飞白"不是无意，而是与形体转折与光照的表达方法有关，切不可小看这一方法。

（5）单纯地运用马克笔，难免会留下不足。所以，应与彩铅、水彩等工具结合使用。有时用酒精再次调和，画面上会出现偶然效果，适合于特殊场合使用。

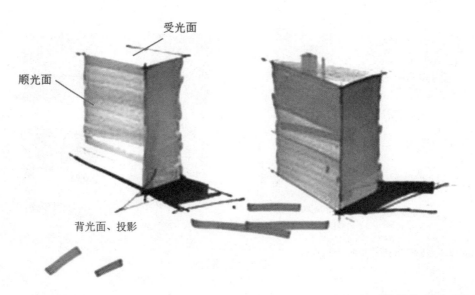

受光面

顺光面

背光面、投影

图 2-24　马克笔的手绘表现方法

图 2-25　马克笔的手绘表现方法

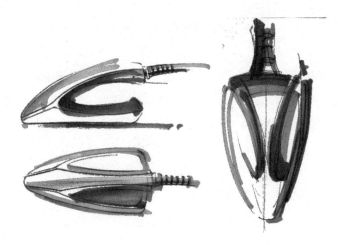

图 2-26　马克笔的手绘表现方法

图 2-27　马克笔的手绘表现方法

三、缺少画龙点睛的细节描绘

所谓"细节"是从素描基本要求出发，只是更加在关键部位，如"近实远虚"，高光、背景、形体等分层次的细化描绘，特别是产品结构处。描绘"细节"并不是把描绘对象全体细画一遍，而是根据目的要求有选择地、有重点地把要设计的对象描绘得更加完整和仔细。

细节描绘的能力，也在于素描整体能力的提高。素描能力在于系统地训练和自我理解的悟性。

图 2-28 马克笔手绘表现作品

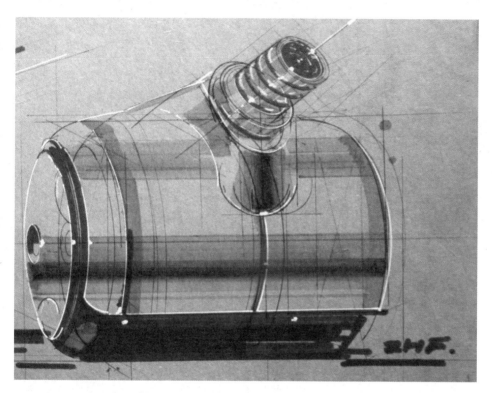

图 2-29　马克笔的手绘表现方法

第三章

透视形体的基本绘制规则

第一节　透视的概念及基本规律

多数的手绘创意作品，最常见的问题是在描绘产品形态的透视上。如图 3−1 所示，学生手绘练习作业中，产品的主体部分透视出现问题，其他附属在主体上的形态也随之出现问题。

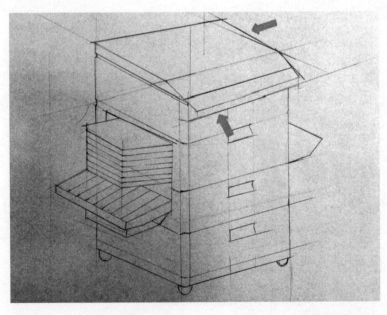

图 3-1　初学者手绘练习作品

上述的问题主要是由于初学者没有系统地学习过透视理论和方法，凭借眼睛看到的形象就开始描绘是不能正确表达的。很多手绘表达的参考书中，没有涉及透视知识，原因是透视学是单独的知识，可独立设置课程。但是，手绘表达的能力是通过交叉性知识的融合训练才能获得，包括基础素描和色彩的原理知识，透视学和几何学基本知识等。透视学的基本知识是必不可少的。

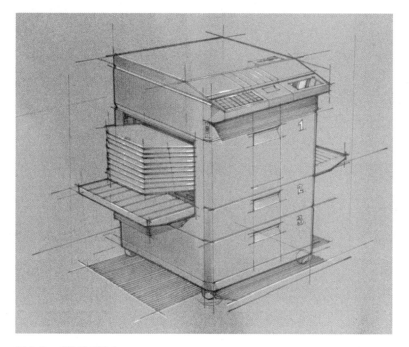

图 3-2　手绘练习样本
（图片来自：www.pinterest.com）

首先介绍一些透视学知识的基本术语。

P．P．——画面假设为一透明平面；

G．P．——地面建筑物所在的地平面为水平面；

G. L. ——地平线地面和画面的交线；

E. ——视点，人眼所在的点；

H. P. ——视平面，人眼高度所在的水平面；

H. L. ——视平线，视平面和画面的交线；

H. ——视高，视点到地面的距离；

D. ——视距，视点到画面的垂直距离；

C. V. ——视中心点，过视点作画面的垂线，该垂线和视平线的交点；

S. L. ——视线，视点和物体上各点的连线；

C. L. ——中心线，在画面上过视心所作视平线的垂线。

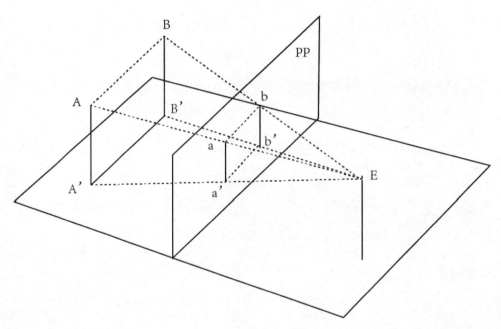

图 3-3　画面

在透视理论中有许多概念，首先是"画面"。画面是在一张纸上绘制的图形。透视学中的"画面"也可以想象成是一块玻璃，视觉透过玻璃看到对象，留在玻璃上的影像，也就是我们画纸上需要的有透视现象的画面。画面，透视学中为了解决把一切立体形象都纳在一平面上来，就在人眼与物体之间假设有一件透明的平面叫做"画面"。它必须垂直于地面，必须与画者视中线即注意方向的视线垂直，与画者的脸平行，如图3-3。

视点与视距。视点就是画者眼睛的位置。视距就是画面与画者之间的距离（见图3-4）。

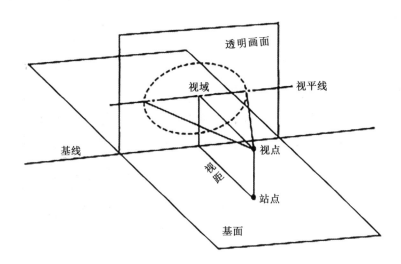

图3-4 视点和视距

视平线。由心点向左右延伸的水平线叫视平线（见图3-5）。画面上只能有一根视平线。视平线随着画者所站位置高低的不同而呈现图3-6中的现象。

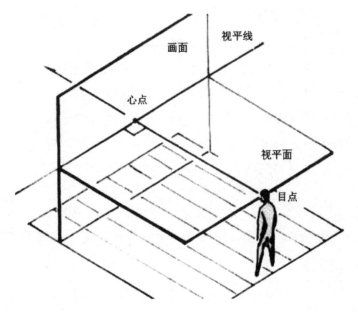

图 3-5　视平线

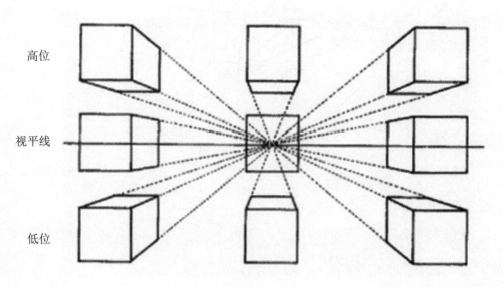

图 3-6　视平线的高低位

消失点。与画面不平行的线段（线段之间相互平行）逐渐向远方伸展，越远越小，最后消失在一点。

作为基本规律，凡是和画面平行的直线，透视亦和原直线平行。凡和画面平行、等距的等长直线，透视也等长。如图 3-7 所示：AA'‖aa'，BB'‖bb'；AA'=BB'，aa'=bb'。

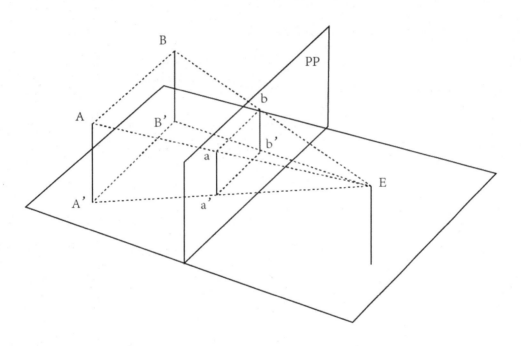

图 3-7

在画面上的直线的透视长度等于实长。当画面在直线和视点之间时，等长相互平行直线的透视长度距画面远低于距画面近的，即近高远低现象。当画面在直线和视点之间时，在同一平面上，等距，相互平行的直线透视间距，距画面近的宽于距画面远的，即近宽远窄。如

图 3-8 所示：AA'的透视等于实长；cc'< bb'< AA'；
cc'和 bb'的间距小于 bb'和 AA'的间距。

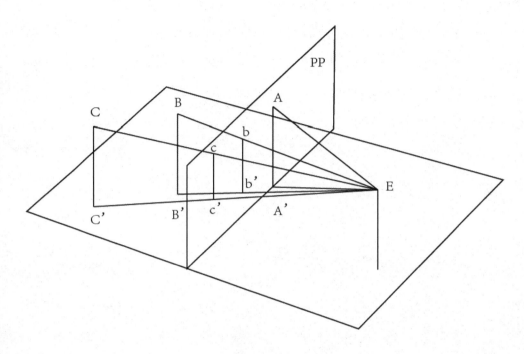

图 3-8

与画面不平行的直线，透视延长后消失于一点。这
一点是从视点作与该直线平行的视线和画面的交点——
消失点。和画面不平行的相互平行直线透视消失到同一
点。如图 3-9 所示：AB 和 A'B'延长后夹角 θ3 < θ2
< θ1，两直线透视消失于 V 点，AB‖A'B'。

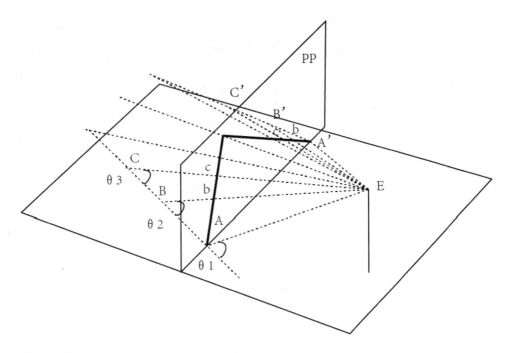

图 3-9　消失点

透视角度。人类的眼睛并非以一个消失点或两个消失点看东西，有时没有消失点，有时借用很多消失点看东西。这和照相机的光镜一样，由焦点调整法有时会使前面东西模糊不清，应该看到的东西却变成盲点。绘画和电影则是进行调整，把视觉上的特征有效地表现出来。透视画也应如此作适当的调整，否则就会出现失真现象。如图 3-10 所示：用两个消失点 V1、V2 的距离作为直径画圆形。越近于圆中心的，越看得自然，越远的越不自然，离开圆形，位于外侧的，使人看不出它是正方形和正六面体。平行透视法尽量限定对象物并设定其相近 V，有角透视法，要把对象纳入 V1、V2 的内侧来画，若要脱离这种规则，需要做若干的调整。

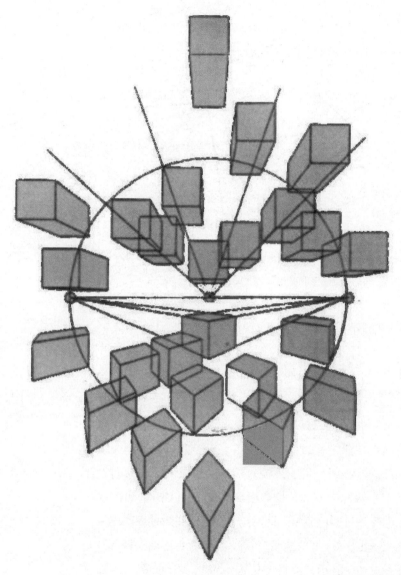

图 3-10 透视角度

视角。在画透视图时，人的视野可假设为以视点 E
为顶点的圆锥体，它和画面垂直相交，其交线是以 C.
V. 为圆心的圆，圆锥顶角的水平，垂直角为 60°，这是正常视野作的图，不会失真。在平面图上，在视角为60°范围以内的立方体，球体的透视形象真实，在此范围以外的立方体，球体失真变形。参考图3–11。

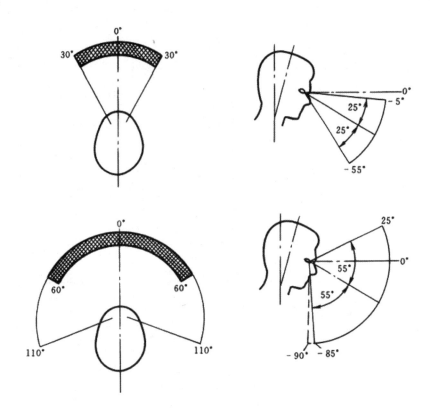

图 3-11　视角

透视图形角度。画面上，视点的位置不变，立方体绕着它和画面相交的一垂边旋转，旋转不同角度所成的透视图形。如图3–12中，1和5为立方体的一垂面和画面平行，透视只有一个消失点，在画面上的面的透视为实形。2、3和4为立方体的垂面和画面倾斜，透视图有两个消失点。若垂面和画面交角较小时，则透视角度平缓，交角较大时，则透视角度较陡。

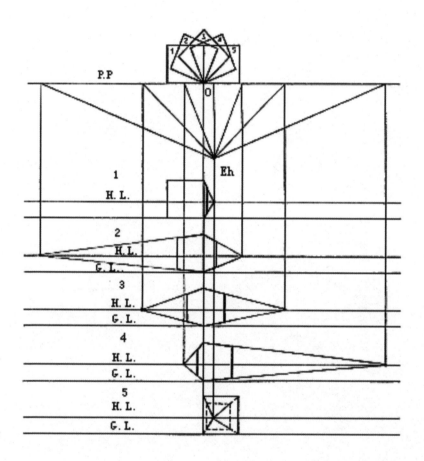

图 3-12　透视图角度

第二节　平行透视

我们在产品创意手绘表达时，最常遇见的形态就是六面体。任何产品无论是大和小，无论是简单或是复杂，

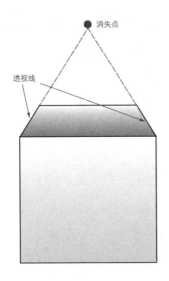

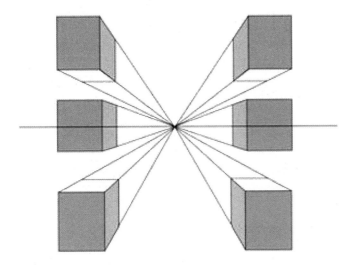

图 3-13　平行透视

无论是直线或是曲线，最终都能还原成各异的几何形六面体形态。在手绘图形，面对对象时，这个对象（立方体）的正前面与视平线平行，这种透视现象叫平行透视。在这种场合，物体与画面平行的这个面，它们的形状在透视中，只有近大远小比例上的变化，而没有透视上的变形变化。也就是说，物体的两组线，一组平行于画面，另一组水平线垂直于画面，聚集于一个消失点，也称一点透视。一点透视表现范围广，纵深感强，适合表现庄重、严肃的室内空间。缺点是比较呆板，与真实效果有一定距离。

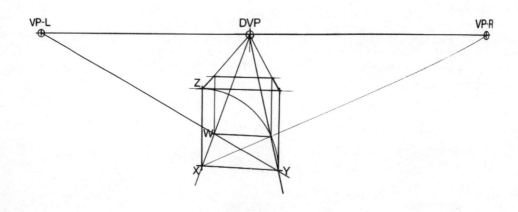

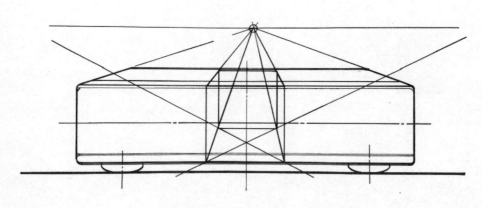

图 3-14　平行透视
（图片来自：《基于素描的造型展开》，清水吉治著）

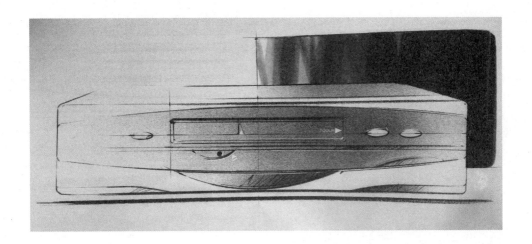

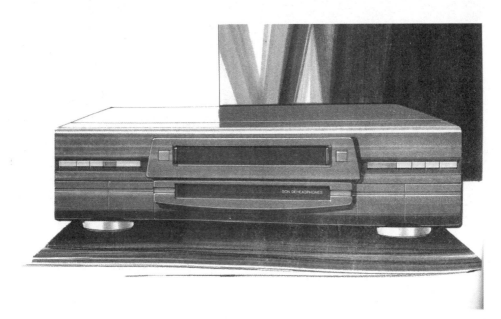

图 3-15　平行透视
（图片来自：《基于素描的造型展开》，清水吉治著）

第三节　成角透视

物体有一组垂直线与画面平行，其他两组线均与画面成一角度，而每组有一个消失点，共有两个消失点，也称二点透视。二点透视图面效果比较自由、活泼，能比较真实地反映空间。其缺点是角度选择不好易产生变形。与平行透视表达一个侧面相比，成角透视可表达物体的两个侧面，在造型创意表现上，有更多的灵活性和表现性。这个角度的透视也称作 45 度透视法。

成角（45 度）透视图的立方体制作方法：

（1）画直线（视平线），在线段两端决定 VP–L、VP–R 两个消失点。

（2）在两个消失点的当中将成为心点 DVP。

（3）从 DVP 往下画垂直线，并任意角度画正方形的对角线（S 距离越大，透视图倾斜越大）。

（4）从 VP–L、VP–R 相交于对角线上的任意角度画线，来决定距离最近的角 N。

（5）从 N 任意距离画水平对角线，相交于垂直线的 D、C 点。

（6）画线从 VP–L、VP–R 到 D、C，作出立方体的底部透视图。

（7）从底部透视正方形的各顶点画垂线。

（8）从 C 点 45 度向上画弧决定相交点 X。

（9）通过 X 的水平线（对角线）求出立方体的对角面。

（10）通过各点画出透视线，作出立方体上侧的水平面，完成立方体制作。

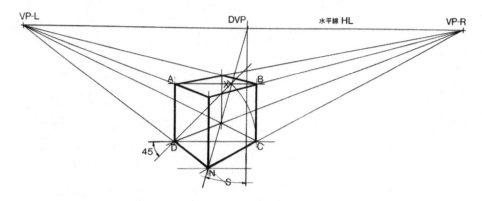

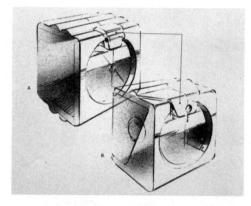
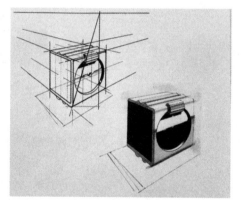

图 3-16 成角透视图
（图片来自：《基于素描的造型展开》，清水吉治著）

第四节　30°～60°透视

在一个侧面作为重点表现造型的时候，30°～60°度透视图是十分有效的。除此之外，有关其他面（如笔记本电脑的键盘等）的表现，基于改变视点，能够很好地表现物体的量感。

30°～60°度透视立方体的制图方法：

（1）首先画出视平线，在线段上决定消失点VP-L、VP-R。

（2）在视平线上VP-L、VP-R的中间，设置测点MP-Y。

（3）在MP-Y和VP-L之间决定中点S。

（4）在S和VP-L之间设置测点MP-X。

（5）从S画垂直线，在任意的位置上确定立方体最近的角N。

（6）通过N画水平线，成为测线ML。

（7）NH决定立方体的高度。

（8）在测线ML上决定立方体的横向长度。

（9）在测线ML上决定立方体的纵向长度。

（10）从N向左右消失点画透视线。同样从H向左右消失点画透视线。

（11）MP-X和X的结合，决定透视线的交点。同样MP-Y和Y的结合，决定透视线的交点。

（12）从立方体的4个顶点，分别下画垂直线，完成立方体[1]。

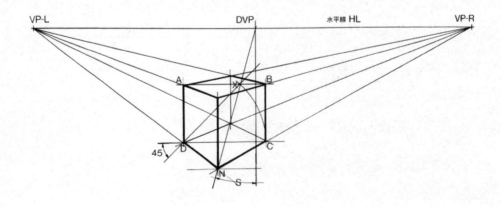

[1] 清水吉治. スケッチによる造形の展開 [M]. 日本出版サービス .1998.4

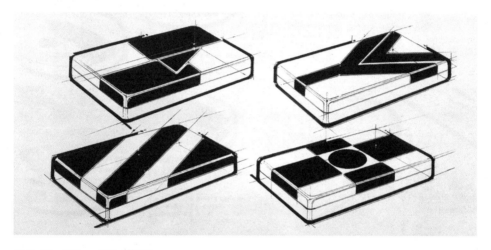

图 3-17　30°～60° 透视图
（图片来自：《基于素描的造型展开》，清水吉治著）

第五节　添加与减少法

　　在产品设计程序中的造型创意和造型确认阶段，基于设计概念的引导，特别是实际项目的运作，在被限制的时间内做出创意的造型，在表现上不是很容易的。在这种情况下，对于解决造型构想枯竭，以及造型方向的确定，可利用自然和人工物、动物、植物、字母文字等从造型方面获得提示，作为造型表现的一个方法，即从立体的基本形（立方体、圆柱体、球体等）之间添加和减少，从纯粹抽象形态中创造出造型的方法是有效的。添加法和减少法是在把握立体造型的构成体系，并能够推进造型的展开和造型的训练。

无论多么复杂的立体，都能从立方体、圆柱体、球体、角锥体等基本形，复合成一体化的形体。因此，作为基本形的立体，与其他各种各样的立体（立方体、圆柱体、球体等基本形）任意的添加，在纯粹立体形态框架之下，容易设计出复杂的立体造型。这种添加和减少的方法，不仅对造型创造有利，也有助于对于复杂的造型进行简单化、几何化的立体图形的理解。对于初学者来讲是十分有效的方法[1]。

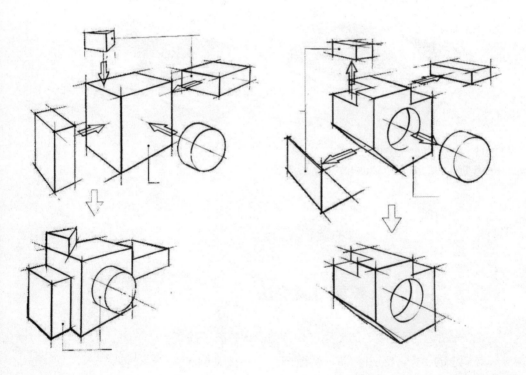

图 3-18　添加法透视图
（图片来自：《基于素描的造型展开》，清水吉治著）

---

[1] 清水吉治.スケツチによる造形の展開 [M].日本出版サービス.1998.4

在立体造型的基本原则中，构成立体的造型存在"主从关系"。如图3-19的照相机立体构成，相机主体部分就是主从关系中的"主"，把手部分就是"从"。主，是主体、主要、大的整体部分的含义。从，是从属、随从、附加等含义。也就是说，在主体部分为主要的立体造型形态基础上，可附加其他立体形态的构成。

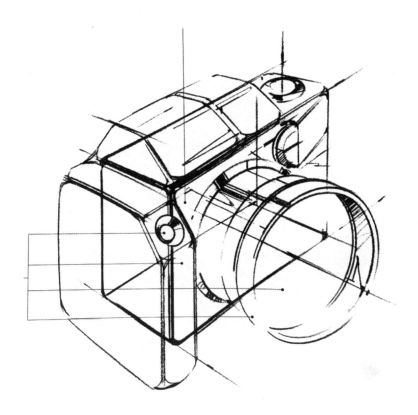

图 3-19 添加法透视图
（图片来自：《基于素描的造型展开》，清水吉治著）

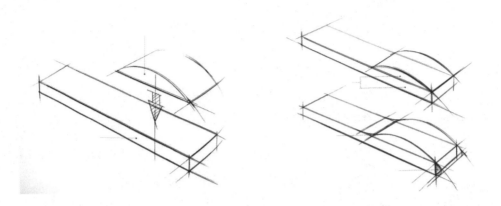

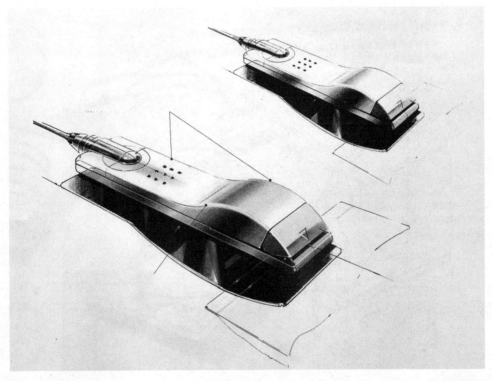

图 3-20 添加法透视图
（图片来自：《基于素描的造型展开》，清水吉治著）

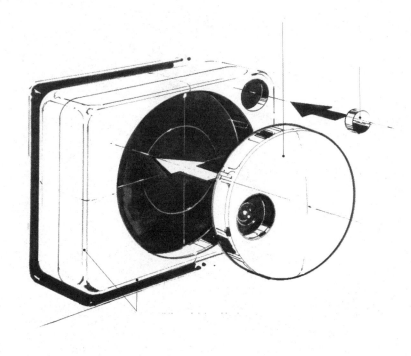

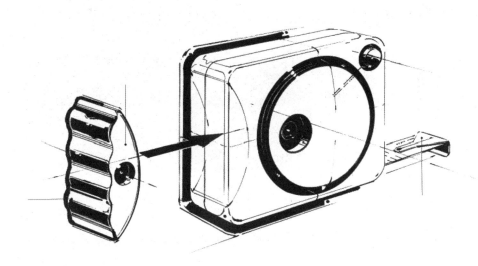

图 3-21　添加法透视图
（图片来自：《基于素描的造型展开》，清水吉治著）

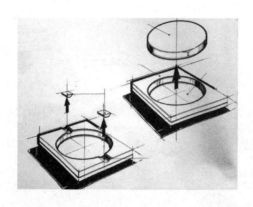
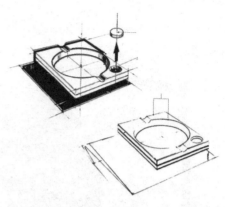

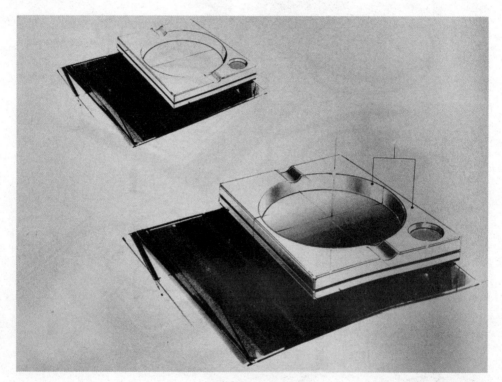

图 3-22　添加法透视图
（图片来自：《基于素描的造型展开》，清水吉治著）

第四章

将产品造型还原几何形体的绘制方法

第一节　方体

　　几乎所有的几何形态都能从方体演变而来。方体能切割成角体，三角体、圆柱体、多面体、球体等。由于方体具有一定的包容性空间，具有物质实体功能的硬件，尽管形状各式各样，但都必须拥有一定的空间来承载，因此，最终基本都能还原到各异的方体结构上。理解方体的基本形状及造型表达是手绘表现的基本。

　　方体具有长宽高的三维立体化性质，受到不同角度光线的照射，将呈现不同的效果和视觉感受。正常的自然光线来自方体的上方，且具有倾斜的照射角度，在同一纸面上的物体表现，除特殊情况外，均受同一照射角度的影响为好。产品创意设计场合，根据目的需要，可主观选择能反映设计的关键部分，或能很好理解创意设计的照射角度，并注意光线投影角度的一致性。

　　描绘方体的方法，应根据素描规则，受光、顺光、

图 4-1   图 4-2

背光的三维性质，以及受到光线的照射角度，来确定投影和环境对方体的影响。图 4-1 和图 4-2 是通过素描原理，用马克笔画的正六面体。从中可看出用铅笔描绘的六面体与马克笔描绘的相同和不同点。简单地讲，用马克笔画的结果接近整体的三个面表示，即受光、顺光、背光的深浅描绘，面与面之间留有较小的白线作为交界线，在远处的两个面的边线，稍微用深色线提示，没有周围的空间描绘和边线明显的投影处理。这几个面的方法，周围空间和投影的画法，成为最基本的描绘方法。每个面的远近深浅，用马克笔的反复覆盖和笔触分离留白的方法表示。在实际绘画中，要灵活运用，主动创造和发挥是获得能力之必须。

图 4-3、图 4-4、图 4-5、图 4-6 的整体描绘步骤，是在上述画法的基础上，将空间环境的影响与六面体的关系描绘出来。受光面（特别是形体顶部的平面）易受空间环境状况的影响，也就是说，从受光面及环境影响一起画开始，最后到背光和投影，也是用色由浅入深，即遵循马克笔浅色不能覆盖深色的特点。每个面的具体运笔方向，即笔触走向，因受光面及环境影响，背景与物体一起画的效果是具有真实感的画法。初学者常常将

物体和环境分别画之，看起来缺少真实感就在于此。在手绘造型能力训练中，物体三个面的最初描绘时，很多场合是三个面合到一起画，在此基础上，再分别描绘其他两个面以及重点，或强调细节。

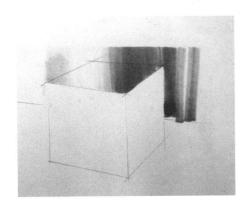

图 4-3

图 4-4

图 4-5

图 4-6

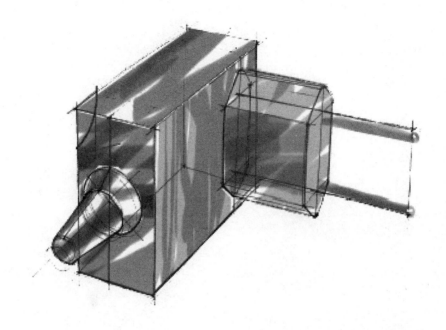

图 4-7　方体的手绘设计表达

图 4-8　方体的手绘设计表达

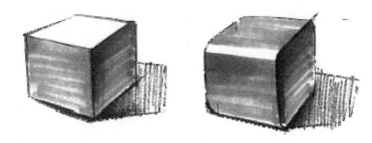

图 4-9　直角和圆角的表现方法

图 4-10　方体的手绘设计表达方法

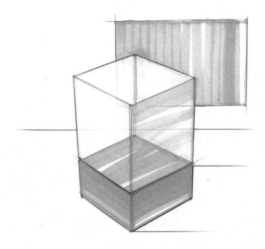

图 4-11　透明正方体的透视表现方法

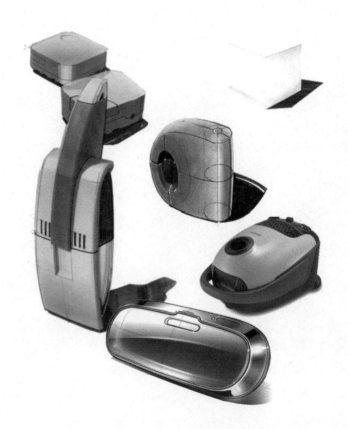

图 4-12　异形方体为基础的产品造型及手绘表现

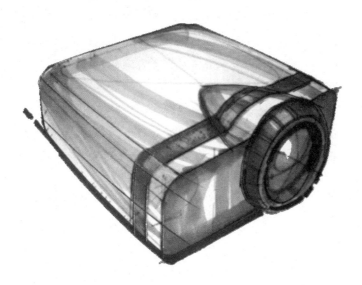

图 4-13　方体产品的手绘表现

第二节　圆柱体

正确描绘圆柱体的方法中，最初确定圆柱体的中心线或中心轴是必要的。圆柱断面的透视状体呈现椭圆形，其长短轴相交的中心正好垂直于中心线。轴心线的方向决定观察者的视角。它将影响物体在画面中的造型。圆柱体的投影受到其外轮廓及断面的决定。画圆柱体常出现的问题是，圆柱体向左或右倾斜，或以圆柱体中心轴为准左右不对称，或上下宽度不对称，或是透视状态椭圆的两个长轴转折边缘呈现尖角状，或是圆柱体投影形状与圆柱体无关等。这些现象多与表现能力有关，加强正确观察方法和理解，养成良好的、正确的画法顺序，加上一定数量的严格训练，定能妥善解决。

在产品设计想象中，极简造型情况下呈现出圆柱体。

一般产品设计，因功能限制，多数呈现圆角化的形式来过渡面与面的关系。圆角化特征也是采用模具制造能够生产的形态。产品的造型设计，常常呈现各种曲面状态。对于曲面的手绘表现，依赖于对圆柱体表现经验的获得。复杂的曲面的绘制中，准确找到明暗交界之处，是正确解决形态及立体效果的方法。其次，一个立体曲面与其他多个立体曲面连接结构线的发现，是把握局部和整体的一体化关系的核心。这样观察、认识、表现的系统方法，能够良好地解决来自圆柱体在表现方面的各种问题。

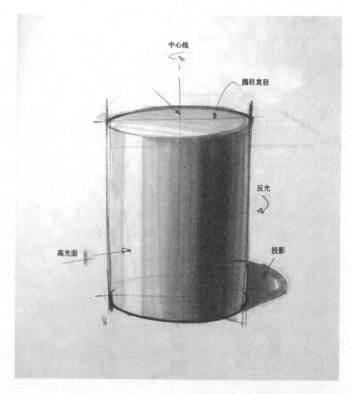

图 4-14　圆柱的透视表现方法

图 4-15　圆柱体的产品造型表现方法之一

图 4-16　圆柱体的产品造型表现方法之二

图 4-17 圆柱体的产品造型表现方法之三

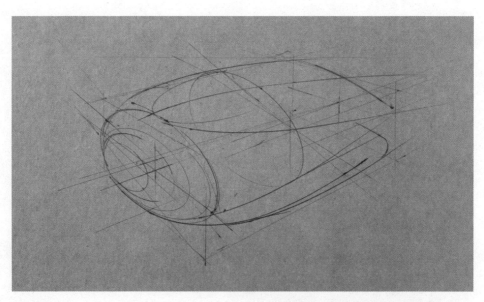

图 4-18 椭圆体的产品造型表现方法之一

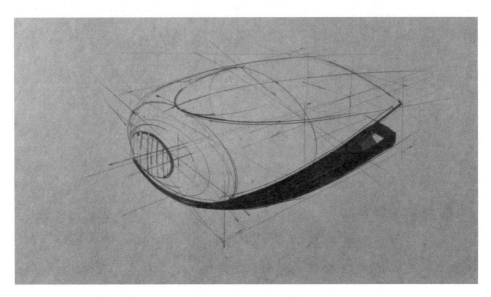

图 4-19　椭圆体的产品造型表现方法之二

图 4-20　椭圆体的产品造型表现方法之三

第三节　球体

　　球体，是由正六面体反复切割的最终结果。许多产品的造型细节变化都与球体和横截面有关。球体从任何角度看上去都是完整的圆形。为了画出球体的立体感，就必须画出球体的横截面。球体的横截面直接决定观察球体的角度，也决定球体的高光和投影的位置及大小。通常选择较高视点便于清楚描绘细节和结构。

　　表现球体出现最多的问题是视觉上缺少立体感。其原因是缺少对球体的立体化意识。像前边说的把握圆柱体表现的关键点那样，找到明暗交界处是产生立体感的关键。在此，与其说找到，不如说理解更为直接。要理解球体的立体结构，需将球体框在正六面体框架内，调整不同角度的光线照射，发现球体明暗交界变化的规律。

图 4-21　球体的横截面透视和光影关系的表现方法

图 4-22　以球体为基础的复合体

图 4-23　球体的背光部分

图 4-24　球体产品创意设计作品

图 4-25　球体的表面特征

图 4-26　以球体为基础的等距产品设计

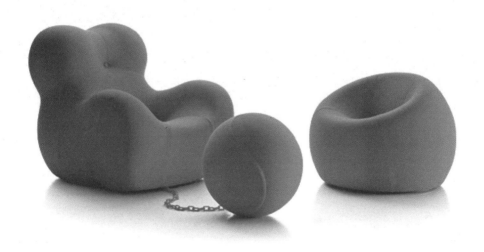

图 4-27　以球体为基本形体的复合体产品设计

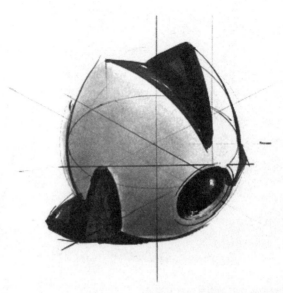

图 4-28　球体产品创意手绘设计作品

第四节　复合体

手绘能力的基础训练，是从各种形态的复合体中简化成单纯的形状来表现的。平面、曲面、转角、立体、复合体等，最终成为现实中的产品。

平面 + 曲面

被画的产品呈现扁平的状态，看上去其体积的存在感就很弱，这种情况下，应做主观上的强调，即在四周稍加些厚度，已达到体积上的存在感。

了解曲面是从曲面剖面的结构开始的。在画手绘草图时，结构线可加强造型的状态和变化，尤其对于较难表现的形状。在曲面手绘练习时，可按照以往的经验描绘出曲面的结构线，它可帮助你画出较为精准的曲面，在保留最初平面结构线时，也有比较曲线结构线的意义。

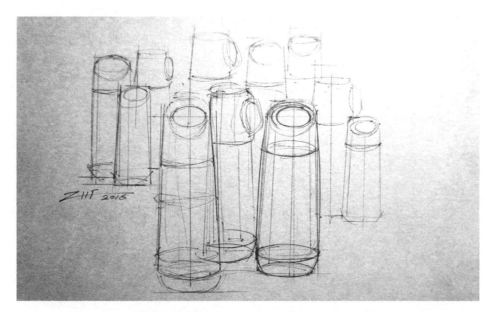

图 4-29　手机创意设计手绘练习

图 4-30　手机创意设计手绘练习

曲面上的深浅变化，是随着曲面与光照角度而变化。最接近光源处，呈现较亮（白色）的状态，反之则加深。曲面上的结构线，起到强化形态走向的作用。投影也随着光线照在物体的角度而变化。

　　在曲面图形的手绘练习时，有图形物体表面有质感，受光面和顺光面不是很明显，给手绘练习带来迷惑。在这种场合，以面积较大部分的受光状况为依据，要主观强行确定受光面的部分。

图 4-31　刀具手绘创意设计练习

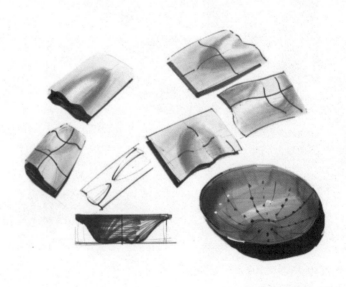

图 4-32　平面 + 曲面的手绘练习

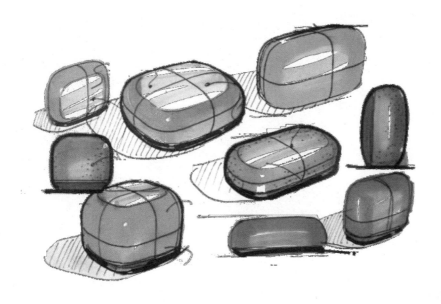

图 4-33　曲面形体手绘计练习

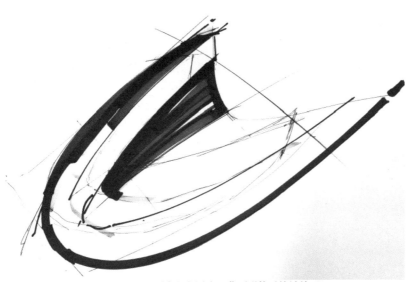

图 4-34(a)　曲面形体手绘计练习

图 4-34(b)　曲面形体手绘计练习

第五节　圆角化

面的转折成为角，面的三维转折成为体。产品形体的角成为判断造型变化的重要位置。在手绘造型表达时，先把其他形态和结构线画出来，并画出远近深浅的素描关系，最后在转角处用亮点和线作出"画龙点睛"的效果。

图 4-35　圆角化形体手绘练习

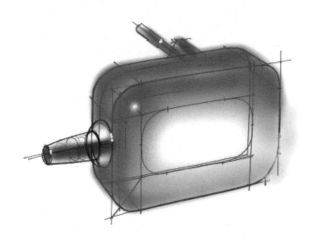

图 4-36　圆角化形体手绘练习

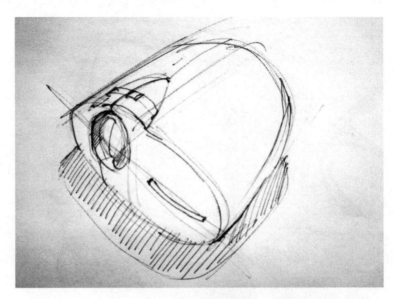

图 4-37　圆角化产品设计手绘练习步骤之一

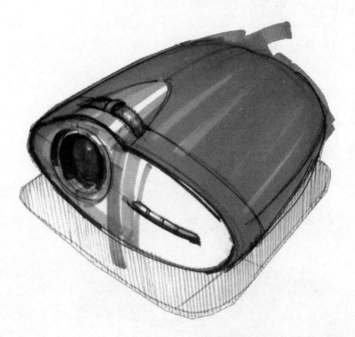

图 4-38　圆角化产品设计手绘练习步骤之二

图 4-39　圆角化产品设计手绘练习步骤之三

第六节　剖面

　　手绘创意设计时，在对造型的外部形状想象的同时，物体内部结构和外部结构需要同时表达出来。一种方法是把表面遮挡的部分去除；另一种是在能够正确表达内部构造的表面切上一刀，其横截面的部分就起到剖面的作用。剖视图的作用，是为设计师提供理解形体的必要信息。

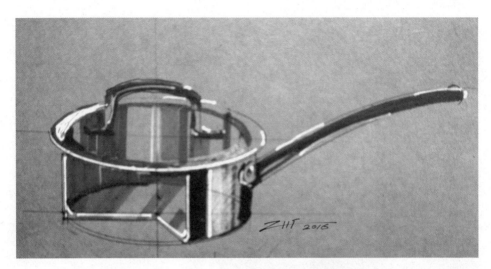

图 4-40　产品剖面设计手绘练习

图 4-41　产品剖面结构图

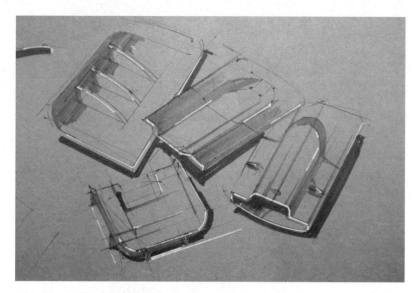

图 4-42　产品剖面结构图

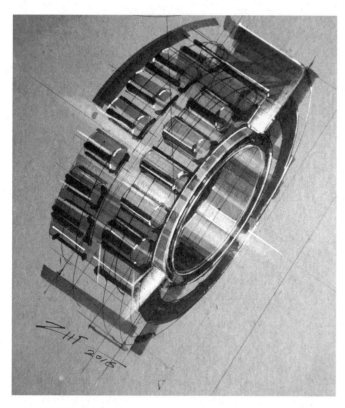

图 4-43　产品剖面结构图

第五章

产品设计专业手绘图示表现方法

第一节　说明图

　　手绘草图是将概念转化为形象的媒介手段，特别是在创造想象阶段，绘制很多想象中的形象，以此记录创意设计思考的过程。在此阶段基础上，整理或优化这些

图 5-1　产品设计图示表达方法
（图片来自：《工业设计 2》，木马设计公司）

发想，成为最后较为成熟的概念设计，这个最后的设计，对于最后的审查和决定具有重要的参考意义。为此，让决策者在未开发真实产品前，就能清楚地看到其全貌特征，对决策具有重要的影响作用。因此，概念设计产品图示的几个必要角度的手绘表达是极为必要的。这种角度的表达方式，也体现了作为设计师的专业素质和能力。

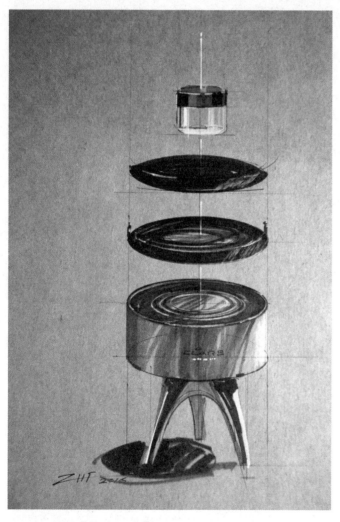

图 5-2　产品设计图示表达方法

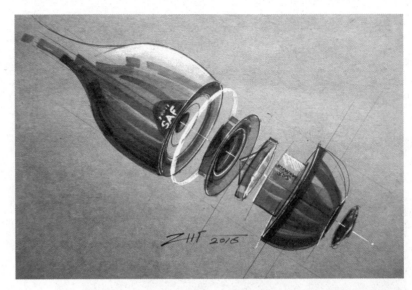

图 5-3　产品设计图示表达方法

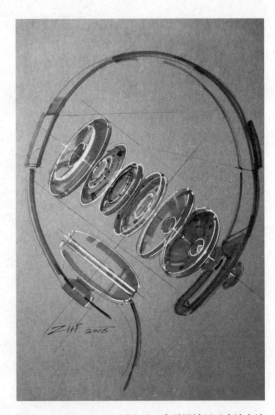

图 5-4　产品设计图示表达方法

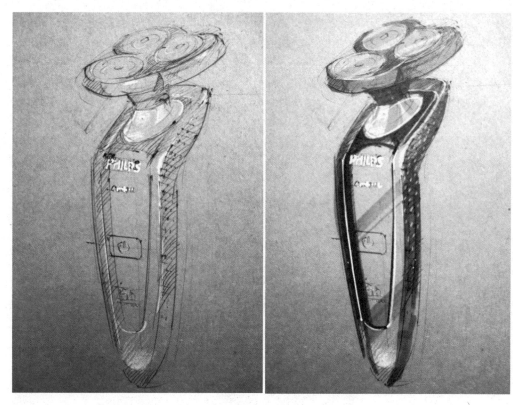

图 5-5　产品设计图示表达方法

第二节　爆炸图

　　在日常生活中购买的各种各样的日常生活用品，为其运输的方便性，其产品包装内都有装配示意图，它是以图解的方式说明各构件之间的组合装配关系。这样简单易懂而且具有立体感的就是爆炸图。具体点说应是轴测装配示意图。同时，国家标准也作了相应规定，要求工业产品的使用说明书中的产品结构优先采用立体图示。爆炸图也可以成为立体装配图。

　　在 UG（Unigraphics）和 Por/E(Pro/ENGINEER)软件中，爆炸图(Exploded Views)只是装配(Assembly)功能模块中的一项子功能而已。有了这个相应的操作功能选项，工程技术人员在绘制立体装配示意图时就显得轻松很多，不仅提高了工作效率，还减少了工作的强度。在正等轴测图"爆炸图"中，三个轴间角相等，都是 120°。其中 OZ 轴规定画成铅垂方向。

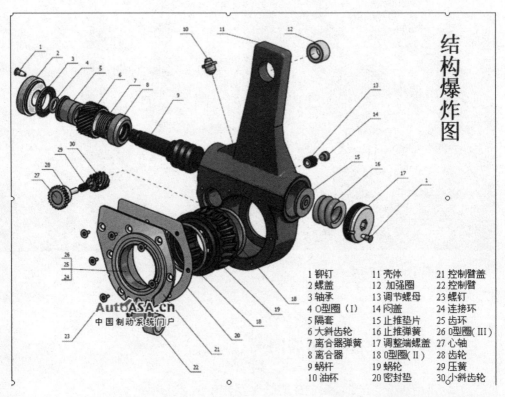

结构爆炸图

1 铆钉	11 壳体	21 控制臂盖
2 螺盖	12 加强圈	22 控制臂
3 轴承	13 调节螺母	23 螺钉
4 O型圈（I）	14 闷盖	24 连接环
5 隔套	15 止推垫片	25 齿环
6 大斜齿轮	16 止推弹簧	26 O型圈（III）
7 离合器弹簧	17 调整端螺盖	27 心轴
8 离合器	18 O型圈（II）	28 齿轮
9 蜗杆	19 蜗轮	29 压簧
10 油杯	20 密封垫	30 小斜齿轮

图 5-6　结构爆炸图的基本表达方法

图 5-7　爆炸图的基本表达方法

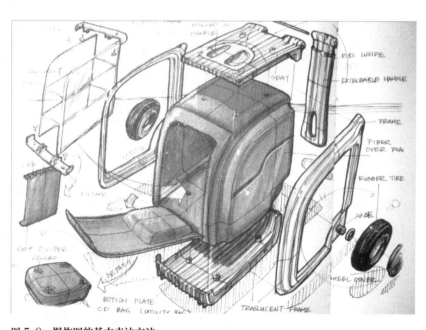

图 5-8　爆炸图的基本表达方法

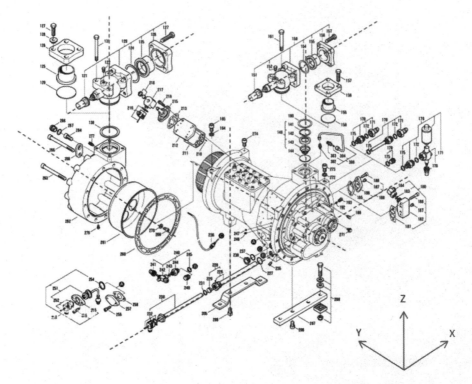

图 5-9　爆炸零件图的表达方法

第三节　分解图

　　分解图，是相对装配来讲的一种表示产品安装位置，以及能表示每种组成产品的零部件大致形状的一种立体图。分解图能体现组成产品或部件的每一种类型的零件或部件。一般要对不同类型零件或部件编号，同时要列出相应的明细表。

　　分解图是根据设计目的的需要，在表示功能性与零件间的配合时，多采用分解图的方式来解释。分解图与爆炸图的区别特征是，分解图具有整体零件（总成与零件）间的分离与组合，分离状态较为自由。

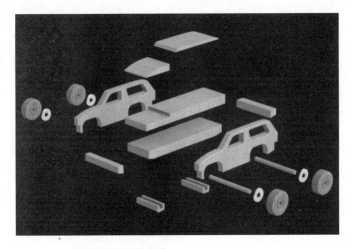

图 5-10　分解图的基本表达方法

图 5-11　产品零件分解组装图

图 5-12　分解图的基本表达方法

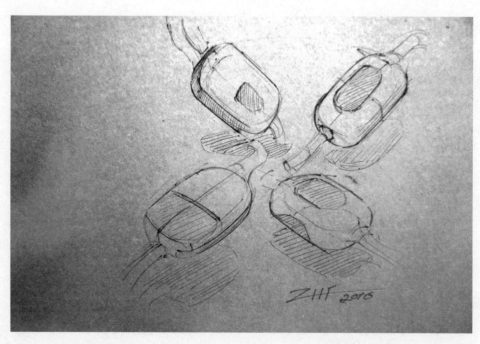

图 5-13　产品设计图示表达方法

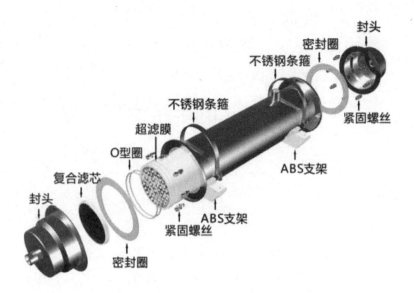

图5-14　产品零件分解组装图

第六章

产品材质的手绘表现方法

　　任何实际物体的表面，都具有反映实际材质特征的状况。不同材料呈现不同的表面效果。常用的产品设计五大材料有"金属、木材、塑料、玻璃、陶瓷"。对于手绘表现而言，最后的陶瓷材料，接近于玻璃的表面状态，故由手绘玻璃技法替代。在实际状况下，物体呈现的不仅是材料的材质本身，也包括诸如光线、周围环境反射的影响等。创意设计想象时，造型和材质的运用，才是设计真实的效果。因此，手绘草图能力的训练，应包含材质表达的内容。

第一节　金属

　　金属的材质，因金属材料本身十分坚硬。因此，表面特征是反映金属特有的灰色。另由于加工方法和设计要求，也呈现高光和哑光的特征。不锈钢材质的视觉特点是极强的反射光特点，明暗交界处的暗部和背光面的物体边线是同样的深浅程度，暗面的反光也十分明显。受光面的边线呈现较浅的状态。不同的形体和表面，反射周围环境状态，也随形态改变。

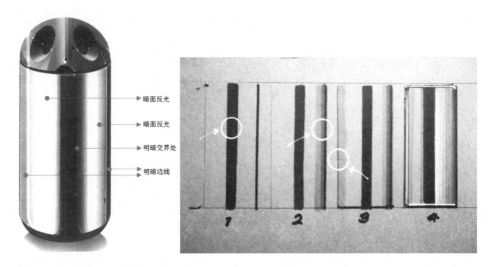

图 6-1　金属表面的光线变化条件

图 6-2　金属材质表面的表现方法

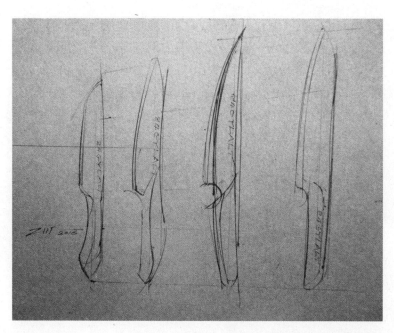

图 6-3　金属材质表面的表现方法

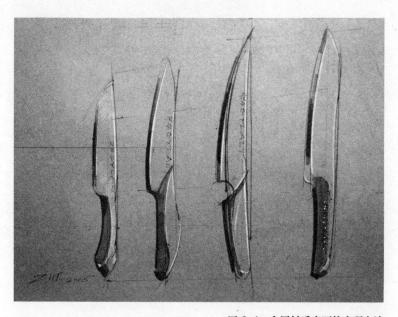

图 6-4　金属材质表面的表现方法

图 6-5　金属材质表面的表现方法

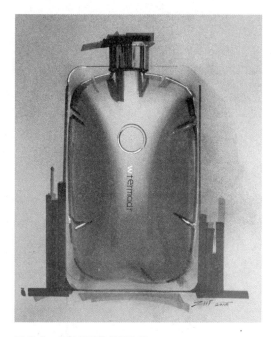

图 6-6　金属表面的表现方法

第二节 木材

　　木材的表面质感，呈现哑光状态，其原因是与金属材料相比，木质是较软的材料。但表面有生长的年轮痕迹（木纹）等。手绘练习时，只要把木质纹理的感受表现出来即可，不要真实描绘它的状态。也就是草图提供给最终者时，能够正确辨认出造型的材质。具体手绘表现时，可采用各种手段和方法，已达到木质木纹的视觉感受，也就是"不择手段"达到目的。有时具体的操作方法所达到的木质效果，难以用词汇和语言描绘，对"感受和达到感受"的手段理解是重要的。

图 6-7　木纹质感的表现方法

图 6-8　各种木质的马克笔表现方法

图 6-9　木质的马克笔表现方法

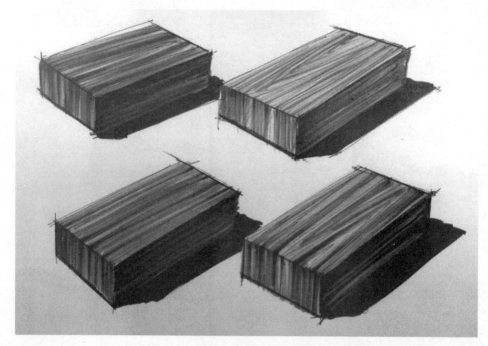

图 6-10　各种木质的马克笔表现方法

第三节　塑料

　　塑料是产品设计常用的材料之一。因塑料的特性和成型方法，能生成多种样式的造型，特别是有机的曲面形态。塑料材质的表面，色彩鲜艳，光洁度高，反光效果突出，易受周围环境的影响。手绘的表现方法，仍然和其他形体表现方法一样，暗部和明部，受到高光材质和哑光材质的影响，应酌情处理。

图 6-11　塑料材质产品喷绘表现

图 6-12　塑料材质产品描绘样本

图 6–13 是塑料产品表面材质的手绘表达比较完整的资料。首选是在纸面上适当的位置，以较顺畅的长线条描绘出对象的整体轮廓，比例尺度都比较正确。注意线条的轻重，用来表现形体的远近素描效果。作为半球体的结构，前边和后边描绘较细，左侧和右侧的描绘较粗。对于初学者来讲，往往并不清楚知道"远近粗细"的描绘位置。

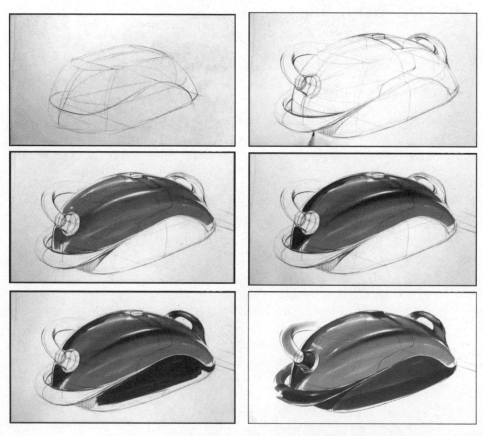

图 6-13　马克笔塑料材质产品设计手绘表现步骤

　　在纸上用铅笔(黑色圆珠笔)较具体描绘出对象以后，选择面积较大的颜色马克笔做"大刀阔斧"覆盖式描绘，用笔时手感轻重要以球体的素描效果为基础，并注意形体所处的受光和背光面，来做深浅的运笔动作。在适当之处，趁着马克笔墨水未干时，赶紧覆盖深颜色可融化在原有的色彩之中。这是经验，也是表现技法之一。另外，在形体的转折处和高光点的位置，留有适当的空白。由于是在白纸上初次描绘，白纸的白色可以替代高光来使用，而且留白和用白色画高光，看起来具有自然和真实感。因此，最初马克笔绘图时，尽可能以留白方式＋最后白色画高光的两种方式描绘。

在完成上述阶段后，用黑色马克笔描绘局部及细节。产品的黑色部分，并不完全是同一黑色，而是有浅有深的黑色。因此，画较深的部分时，一是用同一支笔反复画变深，二是更换一支较深的马克笔来完成。描绘时，仍按照"由浅入深"的原则，留白及反复描绘加重。在此提醒各位，马克笔虽然笔尖较粗，但还是一支笔，是用来描绘的一支笔，不是用来涂色或上色的笔。两者的区别是，前者是画形，后者是涂色。对于初学者来讲，往往理解为后者。

第四节　玻璃

用玻璃材料造型（见图 6–14），或是为了显示用的局部视屏玻璃等设计，是很常见的材料和功能现象。在创意发想设计阶段，特别是对全透明的造型，如玻璃器皿等，初学者尽可能避免在白色质地上描绘其造型。采用的技法也多选择高光法来表现（见图 6–15）。高光画法，前章已经介绍过，其要领就是选择适合的中性明度色差纸张，即可画黑和白的中性级别的灰色纸，深色和高光是设计表现的主要手段。高光的光亮程度可细分几个层次。强高光，可用白色修正液来替代。次高光，可用白色或其他有色铅笔替代。虚幻的散光，可用白色的色粉或白粉颜料替代。画深色的部分，可根据素描原理，有目的深浅地描绘形体轮廓线，以及强调形体用的辅助透视线，特别是在单一形体与另一形体交界之处，以及单一形体的中央部位。这些辅助透视线，实际是看不到的，只是为了在视觉上加强形体的立体感。投影部分也能表现玻璃的质感，但不能画得过于实，而要虚虚实实地表现。

图 6-14　采用透明玻璃的产品设计

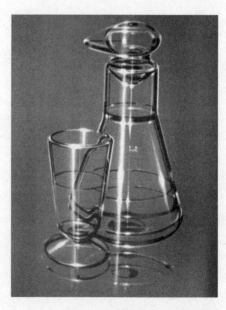

图 6-15　透明玻璃器皿的手绘表现

图 6-16　个人信息终端手绘表现

图 6-17　透明玻璃器皿的产品设计手绘表现

参 考 文 献

[1] 清水吉治.基于素描的造形展开 [M].东京：日本出版
　　服务，1998.

[2] 罗萨琳·史都尔，康斯·埃森.设计素描基础 [M].
　　BIS Publishers BV,2011.

[3] 库斯·艾森，罗丝林·斯特尔.产品设计手绘技法 [M].
　　陈苏宁，译.北京：中国青年出版社，2009.

索 引

后 记

接到出版本书的消息是几个月前的事了。该书的内容是我执教于设计表达课堂的心得，该课表面看起来就是视觉化过程的能力训练，其实它包含了正确的观察方法和手绘表达的方法，并融合了素描和色彩学、透视学原理、产品造型结构等方面的综合知识。它不是某种表现方法的传授，更是对形的理解，正确表现顺序和锲而不舍的精神。手绘表达能力是设计能力的一部分，不仅画产品，人物、动物、风景等都可随手表现，也是人生修养乐趣的一部分。

尽管早有资料上的出版准备，可是撰写起来还是手忙脚乱的，一定会留下许多问题和遗憾，也给编辑带来不便，我深感抱歉！

借此机会，首先衷心感谢学院的李本乾院长和领导们大力支持出版工作，感谢孔繁强老师给了我教授这门课的机会，感谢韩挺院长积极支持配合购置必要的各种授课材料。感谢各届来上课的学生们。他们用自身的实践结果，为我提供宝贵的教学经验，看到他们手绘能力的提高，从心里为他们高兴。感谢出版社的提文静老师和其他编辑，出版管理是十分耗费精力的工作。对他们的付出发自内心的感谢！感谢我工作的同仁们对设计表达课程的良好评价！感谢我的家人对本书出版的大力支持！

张帆

2016 年 2 月 20 日

于上海